JN219838

マインドマップでよくわかる

プラスチック問題

［著］**クライブ・ギフォード**

［イラスト］**ハナ・リー**

ゆまに書房

オーフス大学のトリディベシュ・デイ博士からのメッセージ

トリディベシュ博士は、プラスチックの専門家で、エンジニアでもある。日常生活の中のプラスチックを研究し、インドの村や都市でのプラスチックのリサイクルに、力をかしてきた。ほかの科学者や専門家、世界のリーダーたちと協力して、プラスチック汚染の問題に取り組んでいるんだよ。

プラスチックとは、化学物質でできた、いろいろな素材を指す言葉だ。このプラスチックが、大変な問題を起こしている。安全に処分できないほど大量につくられて、汚染が広がっているんだ。地球上のあらゆるものと、あらゆる生命に、この影響がおよんでいる。

プラスチックは長く残る。大気や水、土壌など、あらゆる場所で、プラスチックの残がいが見つかっている。プラスチックと生きものとの関わりはますます強まり、人間の体内や血液からもプラスチックが発見されている。しかも、研究の結果、プラスチックによくふくまれている化学物質の多くが、重い病気を引き起こすことがわかったんだ。

これ以上の被害をふせぐために、わたしたちにできることが、たくさんある。毎日の生活ですごく効果があるのは、たとえば包装材などに、プラスチックをできるだけ使わないようにすることだ。製造業者や企業も、代わりになるものを見つけなきゃと思うだろうからね。リサイクルも、効果がある。それから、プラスチックの生産や化学物質の使用をもっときびしく取りしまるよう、政府に求めるのもいい。友達に声をかけて、いっしょに調べて、学んだことをまわりに伝えるようにしよう。最後になったけれど、大事なことがある。プラスチックの問題を解決するために、科学や技術や地域の活動に、強い関心をもってほしいんだ。

この本でプラスチックの複雑な問題のさまざまな面について学んだら、その知識や、あなたの考えを、ほかの人たちに話してみよう。あなたの言葉を伝えること。そして、みんなで力を合わせれば大きな変化が生まれるのだと、信じること。わたしたちの未来は、そこにかかっている。

もくじ

マインドマップって、なに？ 4

プラスチックは、なにが問題なの？　6

ずっと残るもの 8
使いすて 10
陸地の汚染 12
ゴミ埋立地 14
資源のむだづかい 16

プラスチックは、どうやって生まれたの?18

プラスチックを拡大すると 20
プラスチックができるまで 22

どうしてプラスチックを使うの？　24

家の中でも外でも 26
軽くて、じょうぶで、安い 28
かんたんに形をつくれる 30

どうして海にプラスチックがあるの?　32

海へ向かうプラスチック 34
マイクロプラスチックができるまで 36
海岸から海底まで 38

プラスチックは、海に害をあたえるの? 40

海流でつながる大海 42
海の生きもの 44
マイクロプラスチックの食物連鎖 46

プラスチックの後始末をはじめるには? 48

清そう活動 50
科学技術 52
プラスチックの禁止 54

プラスチックを使うのをやめられる?　56

プラスチックの少ないくらし 58
リサイクル 60
代わりの素材 62

ほかにもできることはあるの?　64

わたしたちみんなで、できること.... 66
あなたに、できること 68

用語解説 70
さくいん 72

マインドマップって、なに？

この本は「マインドマップ・シリーズ」の1冊だ。マインドマップって、知ってるかな？　絵を使って、いろんなアイデアを線でつなげて、つくるんだ。複雑なテーマが理解しやすくなる、すごく便利な方法なんだ。このページのマインドマップは、「なぜプラスチックは、地球にとって悪いの？」という問いを中心にして、できている。この中心の問いが、各章のタイトルの8つの問いへと、さらに分かれているんだ。

線をたどろう

気になる質問を見つけたら、色のついた線をたどって、ひとつひとつのトピックを見てみよう。たとえば、「プラスチックをやめる」の先には、2つの方法が書かれている。そう、「使う量をへらす」ことと、代わりの「素材」を選んだり買ったりすることだ。線をたどると、トピックがさらに細かく分かれているね。

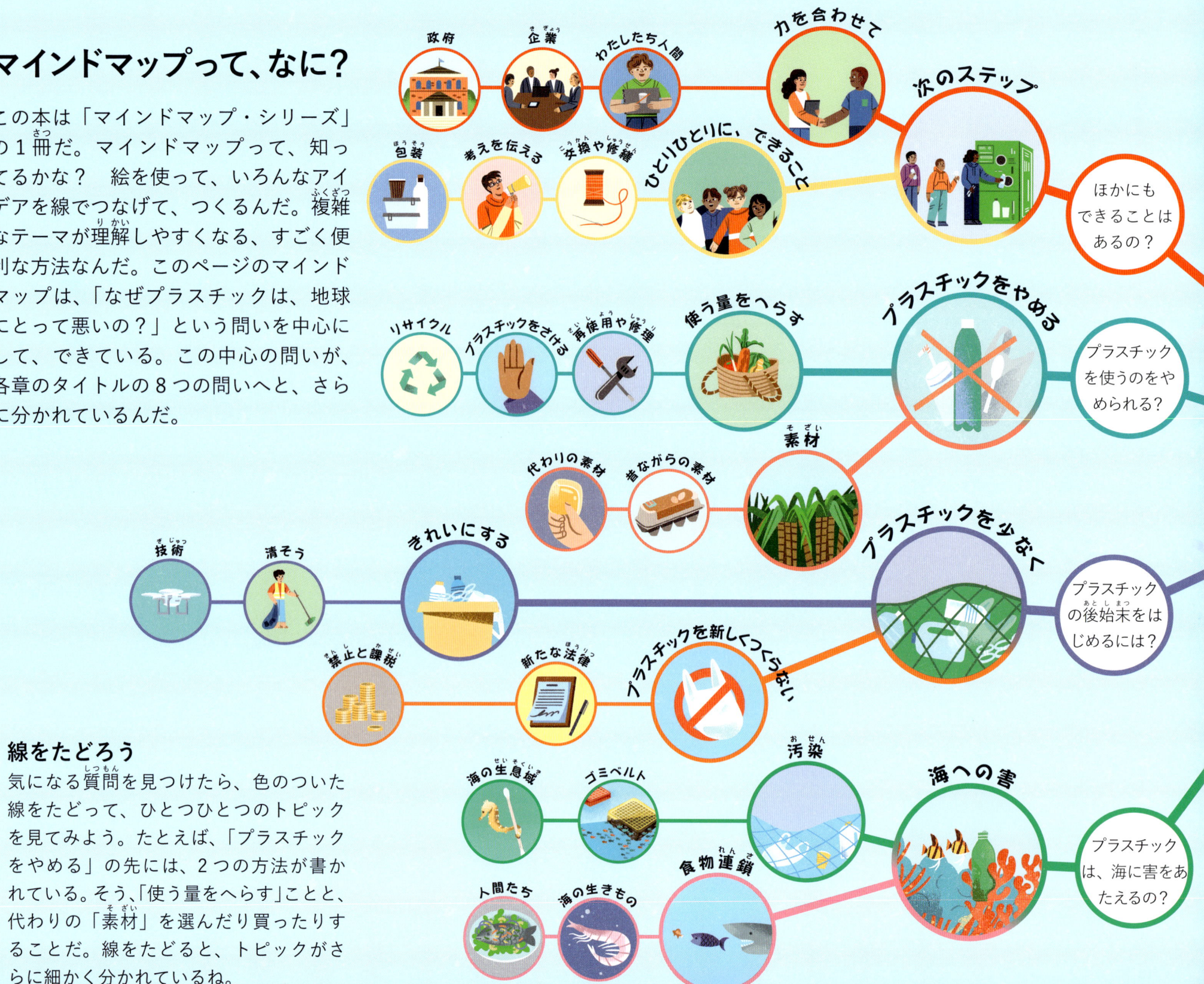

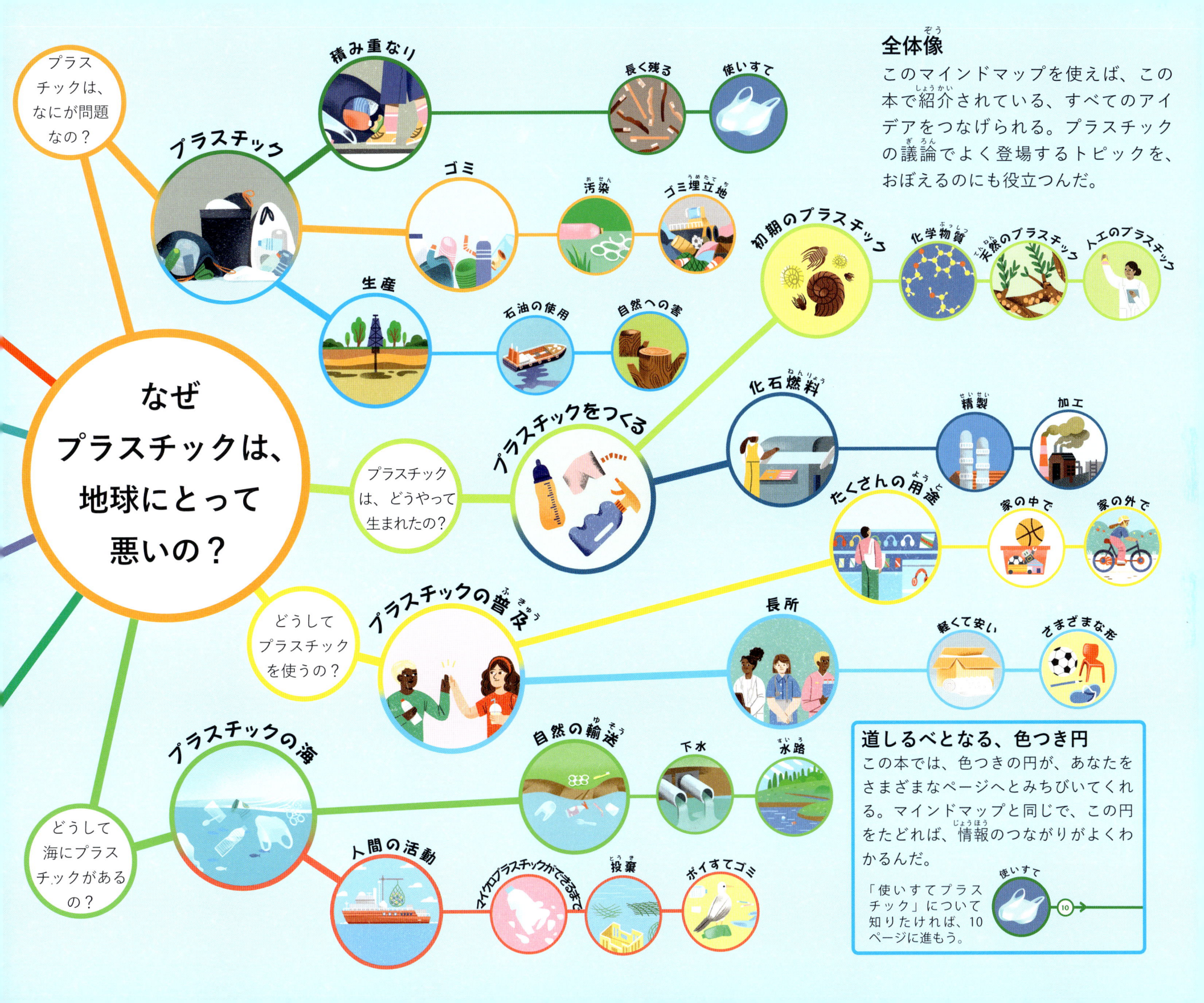

プラスチックは、なにが問題なの？

プラスチック
積み重なり
長く残る
使いすて
ゴミ
汚染
ゴミ埋立地
生産
石油の使用
自然への害

全体像

このマインドマップを使えば、この本で紹介されている、すべてのアイデアをつなげられる。プラスチックの議論でよく登場するトピックを、おぼえるのにも役立つんだ。

初期のプラスチック
化学物質
天然のプラスチック
人工のプラスチック

なぜプラスチックは、地球にとって悪いの？

プラスチックは、どうやって生まれたの？

プラスチックをつくる

化石燃料
精製
加工
たくさんの用途
家の中で
家の外で

どうしてプラスチックを使うの？

プラスチックの普及

長所
軽くて安い
さまざまな形

プラスチックの海

自然の輸送
下水
水路

どうして海にプラスチックがあるの？

人間の活動
マイクロプラスチックができるまで
投棄
ポイすてゴミ

道しるべとなる、色つき円

この本では、色つきの円が、あなたをさまざまなページへとみちびいてくれる。マインドマップと同じで、この円をたどれば、情報のつながりがよくわかるんだ。

「使いすてプラスチック」について知りたければ、10ページに進もう。

使いすて
10

プラスチックは、なにが問題なの？

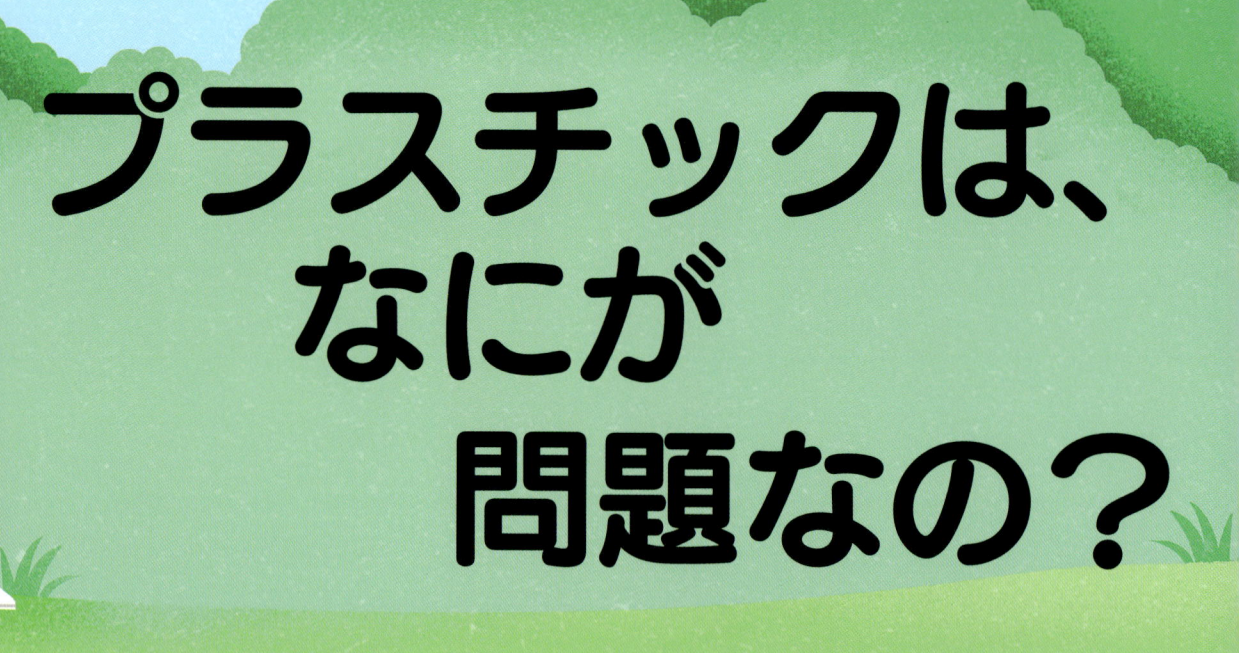

わたしたちは、プラスチックを1年に何億トンもつくり、使っている。プラスチックはすごく便利だけれど、すてられた後も、ずっと残るんだ。プラスチックゴミが、陸地や川や海にあふれ、多くの生きものと生態系<ruby>生態系<rt>せいたいけい</rt></ruby>に害をあたえているんだよ。

プラスチック

プラスチックは、人間がつくった素材（そざい）の一種で、いろんな形にできるんだ。安くつくれるし、とても便利だけれど、たくさんの問題を引き起こしている。

積み重なり

プラスチックは、すてられてからもずっと残る。使いすての品が、何百年も形をとどめることだってあるんだ。

長く残る

8

使いすて

10

ゴミ

使用済みプラスチックの処分（しょぶん）は、費用（ひよう）がかかるし、資源（しげん）のむだづかいになるし、たくさんの場所もとる。

汚染（おせん）

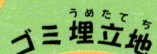

12

ゴミ埋立地（うめたてち）

14

生産

プラスチックの製造（せいぞう）には、原材料のほかにも、たくさんの資源が使われるんだ。

石油の使用

16

自然への害

17

ずっと残るもの

プラスチックは長持ちするので、広く使われている。プラスチックは、ほかの多くの素材よりも耐久性(たいきゅうせい)があってがんじょうなので、みんながよろこんで使うんだ。だけど、このすばらしい利点には、代償(だいしょう)がある。プラスチックも、プラスチックに入っている有害な化学物質(ぶっしつ)も、使われなくなってすてられた後まで、ずっと残るんだ。

くさった素材からは、養分(ようぶん)が出る。その有益(ゆうえき)な成分のおかげで、土壌がゆたかになるんだ。

生分解(せいぶんかい)

くだものや野菜、そして紙や綿(めん)のような天然(てんねん)の素材は、やがてはくさるんだ。「生分解」といって、すごく単純(たんじゅん)な物質になるまでばらばらになる。それから、土壌(どじょう)に吸収(きゅうしゅう)されるんだ。

リンゴの生分解には4〜8週間かかる。

分解者(ぶんかいしゃ)たち

ミミズ、ヤスデ、バクテリア、そしてキノコなどの菌類(きんるい)の助けによって、くさった素材が分解されて、もっと単純な化学物質になる。こういった化学物質には、たとえばチッ素やリンなどがあって、これらが再利用(さいりよう)されることで、植物がよく育つ土壌になる。

自然による後始末

天然素材の多くは、数週間もあれば、自然環境の力によって分解される。だけど、人工物の分解は、たいていもっと長くかかるんだ。

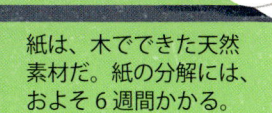

紙は、木でできた天然素材だ。紙の分解には、およそ6週間かかる。

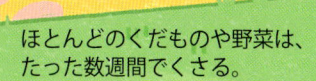

ほとんどのくだものや野菜は、たった数週間でくさる。

綿の衣類は、分解されるのに、5カ月かかる。

ゴミ埋立地

14

いまも残ったまま

この120年間に生産されたプラスチックのほとんどは、完全には分解されないまま、自然の中に残っている。ゴミはふえ続ける一方なんだ。

500年以上
プラスチック製の歯ブラシ

20～50年
使いすてのレジ袋

450年
ペットボトル

いつになったら分解するの？

プラスチックは、そうかんたんには分解しない。時間がかかるんだ。プラスチックはまず、こわれてマイクロプラスチックという小さなかけらになる。だけど、それが完全に分解するまでには、何百年もかかるんだよ。

およそ400年
プラスチック製のリングキャリア
（缶飲料をたばねて運びやすくする製品）

プラスチックとの関わり

自然界のリサイクル方法は、プラスチックにはうまく働かない。菌類などの「分解者」でも、食べものや紙などの自然素材のようには、プラスチックを分解できないんだ。

200年まで
プラスチック製のストロー

50年以上たつと
発泡ポリスチレン（発泡スチロール）製のコップ

使いすて

毎年、生産されるプラスチックの3分の1以上が、袋やボトル、包装材、ストローなどの製品に使われている。これらの多くは、1回かせいぜい数回使われただけですてられるんだ。プラスチック軸の綿棒なんて、製造にかかる時間より、使用時間のほうが短いんだよ！こんなふうに資源をむだづかいしていたら、プラスチックのゴミの山ができて、汚染が広がってしまう。

使いすてのプラスチック風船は、われたり、しぼんだりした後も、ずっとそのまま残る。

使ったらポイ
くりかえし使えるものを、使いすてにする人がいる。野外フェスティバルでは、プラスチック製のテントや衣装をすてて、よぶんなゴミをたくさん出す人もいるんだ。

紙じゃないのかも？
使いすてプラスチックが、ほかの素材でできた容器にかくれていることもある。ジュースや牛乳や食品が入っている紙パックには、プラスチックの内張があることがあって、一度使っただけでゴミ箱行きになる。

レジ袋
うすいレジ袋の多くは、15分も使われずにすてられてしまうこともある。ゴミとなって風で遠くまで飛ばされ、川に落ちたりするんだ。

マイクロプラスチック

36

ラメ

きらきら光る細かいラメは、PET（ペット）というプラスチックと、アルミニウムという金属でできている。このマイクロプラスチックは、小さいけれど、なかなか取りのぞけない。洗い流されると、水路を通って海に流れ出る。

便利なコーヒーカップ

使いすてのポリスチレン製のカップが、年に数百億個も、使われてはすてられている。そうなると、リサイクルはできない。

ファストフードの包装

プラスチックのフォークやストロー、ハンバーガーの箱、フライドポテトのトレーなどは、短い食事が終わると、すぐすてられる。

プラスチックとの関わり

使いすてプラスチックはそこらじゅうにあって、毎日、とほうもない数が使われているんだ！　このプラスチックの製造と使用をやめられたら、ゴミすて場に余裕ができるし、陸地や海の汚染を食い止められるんだよ。

陸地の汚染

ゴミとなってすてられたプラスチックは、さまざまな問題を引き起こす。たとえば、散らばったゴミで景色が台なしになるし、地域の動植物がひどい目にあうんだ。植物にプラスチックの袋やシートがおおいかぶされば、成長に必要な日光がとどかなくなる。虫やカエルやひな鳥が、プラスチック容器にとじこめられることもある。プラスチックの中の有害な化学物質で、土や水が汚染されることもあるんだ。

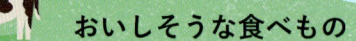

おいしそうな食べもの
鮮やかな色のプラスチックを、食べものだと勘ちがいする生きものも多い。プラスチックを食べると、のどや腸が傷ついて、具合が悪くなって、死ぬことだってある。

ふたが命取りに
鳥が長いくちばしでコーヒーカップのプラスチックのふたをつきさして、ぬけなくなることがある。ふたがついたままになると、だれかに助けてもらわないと、まともにエサがとれなくなるんだ。

がんじがらめ
プラスチックの網やひも、つり糸などは、朽ちるまでに何百年もかかるんだ。鳥や小さなほ乳類がそんなものにからまったら、かわいそうに、大けがをしてしまう。

火の危険
プラスチックによっては、火花や落雷、マッチやタバコの火などで、かんたんに火がつく。そしてすぐに燃えて、有毒ガスを出すんだ。プラスチックから、乾いた草木に火が燃えうつって、山火事になることもある。

リングキャリア

缶を束ねるために使われる、プラスチック製のリングキャリア。これが鳥やほ乳類の首に引っかかると、人の助けがなければ、首をしめてしまうんだ。

プラスチックとの関わり

がんじょうで耐久性のあるプラスチックによって、野生生物が深刻な被害を受けることがある。野山からプラスチックゴミをなくして、さまざまな生物がゆたかにくらせるようにしよう。

野山をきれいに

散歩やピクニックをするときに、プラスチックをすてる人がすごく多いんだ。自分やほかの人のゴミを拾って、陸地のプラスチック汚染を悪化させないようにしよう。

地下へ向かうプラスチック

袋のような軽いプラスチック製品は、ふき飛ばされて、巣穴など、動物のすみかをふさぐことがある。

ふき飛ばされて 34

化学物質による害

プラスチックからしみ出した有害な化学物質は、土や水へと入りこむ。これが生きものたちにどれほど大きな害をあたえるのかを、科学者たちが研究している。

土壌の汚染

ミミズやトビムシなどの生物は、土に空気や栄養分を入れて、土の質を改善してくれるんだ。だけど、土の中にあるマイクロプラスチックの量がふえていて、これらの生物への脅威となっている。科学者がいうには、生物の成長や動きをじゃますると言うんだって。

ゴミ埋立地
うめたてち

世界で1年に出る固形のゴミは、20億トンをこえる。アフリカゾウなら、3億頭以上の重さだ。そんなゴミの5分の1近くが、プラスチックなんだ。これほどの量が、どこに行くと思う？ リサイクルされたり燃やされたりするゴミもあるけれど、ほとんどは埋立地にうめられる。埋立地の面積は数千平方キロメートルにおよび、土地はほかの用途には使えず、草木が生いしげることもない。埋立地のプラスチックゴミによって、たくさんの問題が起きているんだよ。

温室効果ガス
こうか

ゴミがくさると、メタンガスが発生して、大気中に広がる。メタンは、気候変動の原因になる、おもな温室効果ガスのひとつなんだ。
げんいん

環境を変える
かんきょう

ゴミ埋立地によって、たくさんの生きものの生息地が破壊される。にげ出す野生動物がいる一方で、ハエやネズミなど、病気を広める有害生物がすみつくんだ。
はかい

プラスチックゴミ

プラスチックは埋立地の大半をしめているのに、重さはゴミ全体の10〜15%にすぎない。理由は、プラスチック製品は軽いけれど体積は大きいから。それに、プラスチックゴミは、紙やダンボールや食品とちがって、すぐにくさることもないからね。
せいひん

化学物質による害

燃やされるプラスチック

プラスチックゴミの一部は、燃やされるんだよ。ものすごい高温で燃やされて、体積が小さくなり、残った灰はうめられる。プラスチックを燃やす、つまり焼却処分すると、注意深く取りのぞかないかぎり、温室効果ガスが出てくるし、少量の有害物質もできてしまうんだ。

地域にとっての問題

ゴミ埋立地の管理には費用がかかるし、ひどいにおいで近所の人たちが苦しむこともある。騒音の問題もあるし、景観が損なわれることも多い。

火災の危険

ゴミ埋立地は、あぶない場所だ。とがったものや化学物質がいっぱいあって、火災の危険もある。埋立地で発生するメタンなどのガスは、引火しやすいんだ。

場所をとる

ゴミ埋立地には、かなり広い場所が必要だ。そのため、公園や農地や新しい住宅地など、ほかの用途に使える場所がなくなってしまう。大都市では、埋立地をつくる場所がもうないのに、ゴミの量はふえているんだ。

汚染のリスク

埋立地に雨がふると、プラスチックゴミから出た有害な化学物質が、雨水にとけ出すことがある。この「浸出液」とよばれる液体は、流れこんだ先の土壌や小川や河川をよごして、遠い場所の生きものにも害をあたえることがあるんだ。

温室効果ガス

プラスチックとの関わり

わたしたちが出す大量のプラスチックゴミは、埋立地に行きつき、そこでの処理によって、有害なガスや化学物質が生じる。そもそものプラスチックの使用量をへらせば、埋立地に運ばれる量を確実にへらせるんだ。

資源のむだづかい

プラスチックは安上がりだと思うかもしれないけれど、地球の天然資源や環境への代償は高くつく。プラスチックは、ほぼ石油からできているんだけど、石油は再生できない資源なんだ。すべての石油を使い切ると、次の石油ができるまで、何千万年もかかる。プラスチックをつくって運ぶために、石油が採掘されて、そのために大量のエネルギーが使われる。それによって、温室効果が高まって、気候変動がさらに進むんだ。

石油資源

毎年、生産される石油の約6%が、プラスチックのために使われる。この石油を、見つけ、採掘し、運ばなければならない。こういった作業にも、大量のエネルギーとほかの資源が使われるんだ。

プラスチックのためのエネルギー

石油を精製し、プラスチック原料につくり変えて、工場まで運ぶには、多くのエネルギーが必要だ。たいていは、そのエネルギーをつくるために、さらに石油が燃やされる。

石油の流出

油田やタンカーから、石油がもれたり流れ出たりすると、海や陸地が大きな被害を受ける。たった一度の流出で、何百匹ものウミガメや、何千羽もの鳥が、死ぬこともあるんだ。

高まる温室効果

太陽からのエネルギーは、地球の大気を通りぬける。このとき、大気中のガスが温室のように働いて、熱の一部をとじこめ、その熱によって地球の表面があたたまるんだ。だけど、燃やされる石油や石炭や天然ガスから、温室効果ガスがどんどん大気中に出てくる。そのせいで、地球の温度がもっと上がり、気候変動が起きているんだよ。

一部の熱は、地表で反射して、宇宙空間にもどる。

一部の熱は、よぶんな温室効果ガスにとじこめられて、宇宙空間ににげられない。

プラスチックをつくる

22

新しい石油を見つける

石油の需要がさらに高まって、みんなが新たな油田をさがしている。手つかずの自然の中で油田が見つかると、動植物の生息地は荒らされ、その土地の動植物の精妙なバランスがくずれてしまうんだ。

輸送

多くのプラスチック製品は、船や列車やトラックで地球をぐるりとまわって運ばれくる。それなのに、ほとんどは、ちょっと使ってすぐすてられるんだ。

プラスチック製品を運ぶ車は、石油からつくられるガソリンを燃料として燃やす。

プラスチックとの関わり

プラスチックが消費するのは原料の石油だけではない。それより、はるかに多くのエネルギーと貴重な資源が消費される。プラスチックを運んだりすてたりすると、地球の大気中で温室効果ガスがふえる。

ゴミを出す

いらなくなったプラスチックを処分するために、たくさんのエネルギーと資源が使われる。ゴミ収集車によっては、1年間に、住宅15〜20軒分のエネルギーを使うんだ。

プラスチックは、どうやって生まれたの？

プラスチックにはいろんな種類がある。たとえば、厚（あつ）みのあるかたいブロックや、よくのびる輪ゴム、うすい透明（とうめい）のフィルムなんかも、プラスチックだ。プラスチック素材（そざい）には、たくさんの使い道がある。新しいプラスチックが発明されるごとに、新たな使い道が生まれるんだよ。

プラスチックをつくる

プラスチックの種類は、何千、何万もある。そのほとんどが1900年代に発明されたんだ。プラスチックは、現代（げんだい）の生活にかかせない存在（そんざい）になっている。

初期のプラスチック

たとえば樹液（じゅえき）からできるゴムなど、プラスチックは自然界にも少しある。だけど、ほとんどは、人間が化学的につくった合成（ごうせい）プラスチックなんだ。

化学物質（ぶっしつ）  20

天然（てんねん）のプラスチック  20

人工のプラスチック 21

化石燃料（ねんりょう）

ほとんどすべての合成プラスチックは、原油（げんゆ）からつくられるんだ。原油は、地下の油田から採掘（さいくつ）される。

精製（せいせい）  22

加工  23

プラスチックを拡大すると

ちがう種類のプラスチックは、見た目も、さわった感じも、性質もちがう。だけど、共通点がひとつある。それは、同じ分子がくりかえしつながって、長い鎖になっていることだ。こんな構造の巨大な分子を「ポリマー」、それぞれの分子を「モノマー」とよぶ。プラスチックの内部では、モノマー同士が強い化学結合でしっかりくっついている。プラスチックには、何千個から何百万個ものモノマーでできた鎖が、いくつもふくまれているんだよ。この構造をもつ物質は自然界にもある。つまり、「天然のプラスチック」があるんだ。

原子のパターン

ほとんどのプラスチックには、たくさんの炭素原子のほかに、イオウや酸素や水素などの原子がふくまれている。この組み合わせによって、プラスチックの性質が変わるんだ。テニスボールに使われる、へたりづらい PET（ペット）とか、スポーツドリンクのボトルに使われるやわらかい LDPE とかね。

天然のプラスチック

天然プラスチックは 2500 年以上も前から使われている。中央アメリカの人々は、ゴムの木の幹から樹液をとった。この樹液は、加熱すると固まるんだ。これが、天然ゴムだ。

代わりの素材

べっ甲

昔は、べっ甲で、宝飾品やメガネのフレームがつくられていた。べっ甲とは、カメの甲羅からつくられる、やわらかな天然プラスチックのことだよ。

62

9

あとで戻る

人間がつくったプラスチック

1800年代になると、化学者たちが、独自のプラスチックをつくる実験をはじめた。ある化学者が、天然ゴムにイオウを加えたのがそのはじまりだ。この新素材は、自転車のタイヤや靴底に使われるようになった。

天然プラスチックの代わり

植物繊維のセルロースからつくられるセルロイドは、天然のプラスチックや、動物のキバに代わるものとして、最初につくられたプラスチックのひとつなんだ。映画のフィルムやピアノの鍵盤、入れ歯などに使われた。

合成プラスチック

化学的な処理だけでつくられた、最初の完全な合成プラスチックが、ベークライトだ。電話機からボタンまで、あらゆるものに使われた。

動物の角

くしや、ナイフやスプーン、初期のランタンの窓などは、動物の角をけずってつくられていた。いまは、もっと安い材料が使われている。

虫の分泌物（シェラック）

ニスや、初期のレコード盤は、ラックカイガラムシのメスが出す、樹脂みたいな分泌物でつくられていた。いまでは、合成プラスチックでつくられている。

プラスチックとの関わり

天然プラスチックの歴史は古い。しかし、わたしたちがよく見るのは、ここ100年ほどの間に発明された、人工のプラスチックだ。これらの合成プラスチックは、広く活用されている。

プラスチックができるまで

プラスチックの95%以上が、人間が化学的につくったもので、その原料は、石油や天然ガスなどの化石燃料なんだ。これらの物質は地中深くにあるんだけれど、採掘されて、地球から取り出される。それが、精製所に運ばれて、加工されて、さまざまなプラスチックに生まれ変わるんだ。プラスチックの需要は急速に高まっていて、いまでは、2000年につくられていた量の、およそ2倍のプラスチックがつくられているんだよ。

プラスチックの生産

原油は、蒸留塔で加熱されて、液体から蒸気に変わる。そして、さまざまな成分（留分という）に分けられるんだ。プラスチックをつくるのに、いちばんよく使われる留分が、「ナフサ」だ。

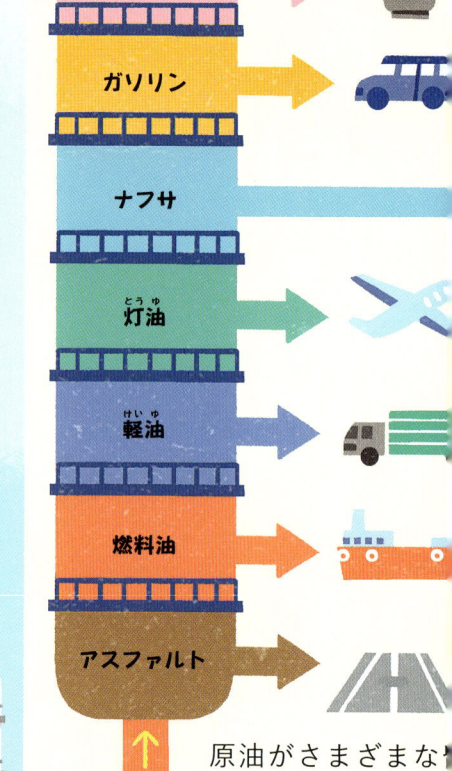

石油ガス

ガソリン

ナフサ

灯油

軽油

燃料油

アスファルト

原油がさまざまな分に分けられる。

石油を運ぶ

原油や天然ガスの多くは、海底に井戸をほって、くみだされる。地球から採掘された原油は、巨大なタンカーやパイプラインによって、陸にある石油精製所へと運ばれるんだ。

化石燃料はどこから来るの？

化石燃料とは、地殻の中にある、石炭や石油などの天然の燃料のことだ。動物や植物の死がいが、上に積み重なった泥や岩の層から強い力でおされて分解して、長い年月をかけて変化してできたものなんだよ。

この層が、数千万年の後に原油になる。

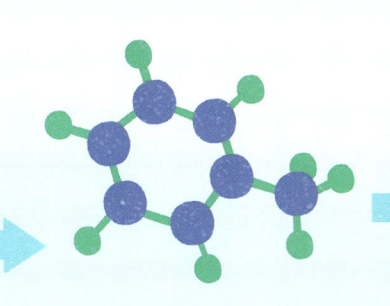 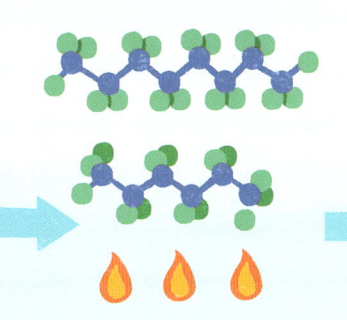

ナフサは、ばらばらにされる。加熱されると分解して、プロピレンやエチレンなど、さらに小さい分子になる。さまざまなプラスチックを形づくる、最小の単位（モノマー）だ。

熱やほかの物質を用いた化学反応によって、小さな分子がくりかえしつながって、長い鎖、つまりポリマーができるんだ。

ほかの物質を加えると、いろいろなプラスチックをつくることができる。だけど、この添加物が、有毒で有害なこともあるんだよ。化学染料をまぜれば、好きな色にもできる。

プラスチックとの関わり

ほとんどのプラスチックは、化石燃料からつくられる。プラスチックの需要が高まり続け、生産方法も改善されてきた。いまでは、年に数億トンが生産されている。

海に投げ出されるレジンペレット 36

液体から固体

化石燃料からつくられた液体プラスチックは、冷やされて固められる。それをくだいて粉末状にすることもあるけれど、多くは切り刻んで、レジンペレットという小さなかたまりにする。

無数のレジンペレットが、世界中の工場へと運ばれる。そこでとかされて、プラスチック素材やプラスチック製品がつくられるんだ。

大ブームのプラスチック

毎年、新たにつくられるプラスチックの重さは、シロナガスクジラにして 350 万頭分。なんと、4 億 5000 万トンにのぼる。1960 年ごろには、全世界で、1 年に約 800 万トンしかつくられていなかったんだけどね。

どうして プラスチックを 使うの？

プラスチックが広く使われはじめたのは、1950 年代のことだ。安くて、軽くて、長持ちする、奇跡の素材だともてはやされた。それまで木や金属や陶器でつくられていたものが、急にプラスチック製になった。いま、ほとんどの家は、あなたが思うよりずっと多くのプラスチックでいっぱいなんだよ。

たくさんの用途

便利な性質をもつプラスチックは、いろいろな用途で使われているよ。たとえば、保存容器、防水のレインウェア、透明な食品用ラップなどだ。

プラスチックの普及

プラスチックが普及した理由は、その安さと、使い勝手の良さにある。プラスチックを使えば、ほかの素材より安くできることが多いし、どんな大きさでも形でも、思い通りにつくれるからね。

長所

ほとんどのプラスチックは、軽くて、安くて、かんたんに好きな形にできる。こんなに便利な性質があるから、なんにでも使われるようになったんだ。

家の中で

26

家の外で

27

軽くて安い

28

さまざまな形

30

家の中でも外でも

明日は、朝起きてから最初の30分間に、自分が使ったり、さわったりしたプラスチック製品を数えてみよう。その多さに、きっとびっくりするよ。思いもよらないものがプラスチック製かもしれない。たとえば、やわらかいカーペットだとか、かたい薄板の床とかね。プラスチックだらけの家だってあるんだよ！

ふろ場や洗面所

たくさんのプラスチックが使われている場所だ。シャンプーの容器は、やわらかいLDPE製だし、歯ブラシはナイロン製。バスタブからふろ場の床まで、プラスチックが、いたるところに使われている。

コンピューター

コンピューターは、20〜40％がプラスチックなんだ。中を見ると、プラスチックの基盤があって、プラスチックでおおわれたワイヤーが電子部品をつないでいる。

子どものおもちゃの多くは、ABSでできている。じょうぶで光沢のある、かたいプラスチックだ。

食べものの持ち運びには、ポリプロピレン（PP）というプラスチック製の、洗って何度も使える弁当箱や保存容器が使われる。

子ども部屋

服や、おもちゃ、靴などは、プラスチック製が多い。おもちゃについているゴムっぽい車輪やボタンは、たいていポリ塩化ビニル（PVC）なんだ。ポリエステルや、アクリルや、ナイロンの服、たくさんあるんじゃない？　どれもプラスチックなんだよ。

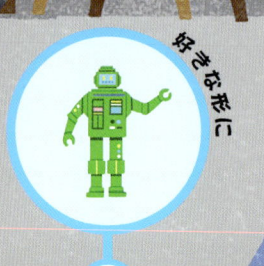

好きな形に

31

屋外

次はベランダを見てみよう。窓わくは UPVC 製。屋外用の家具は、天気の変化に強い ASA 製だ。自転車用のがんじょうなヘルメットには、内側に、発泡ポリスチレン（発泡スチロール）の保護パッドがついている。

プラスチックは、安くて、いろいろな目的に合わせられる素材なんだ。そのため、現代の家の多くは、プラスチックが使われている製品で、あふれている。

食器棚には、ペットボトルをはじめ、プラスチック製の保存容器がたくさんある。

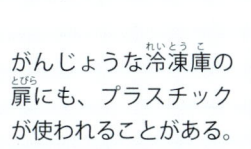

がんじょうな冷凍庫の扉にも、プラスチックが使われることがある。

リビングルーム

カーペットは、プラスチック繊維がおりこまれていると、へたりづらくなるんだ。ふかふかの、ポリウレタンフォームの中材が入っていることもある。ソファやイスのクッション材としても使われる素材だね。

キッチン

うすい LDPE の買いもの袋やフリーザーバッグやゴミ袋から、じょうぶでかたいポリカーボネート製の調理台まで、キッチンはプラスチックでいっぱいなんだ。調理器具も、熱に強いプラスチックが使われることが多い。

軽くて、じょうぶで、安い

プラスチックは、じょうぶで耐久性があるので、病院や職場や家庭で、広く使われている。また、製品の重さをかなり軽くできる。同じ大きさのガラスびんとくらべると、ペットボトルの重さは、たった10分の1なんだ。だけど、プラスチック最大の魅力は、その安さにある。バッグや梱包材、部品などをプラスチックでつくれば、ほかのどんな素材よりも、たいていはかなり安上がりになる。

医療で役立つプラスチック

注射器やマスク、手袋、包帯など、プラスチックは医療でも役立っている。プラスチックは、安くて、かんたんにすてられるからね。プラスチック製品を使いすてにすれば、ばい菌に感染するリスクを下げられるんだ。

使いすての袋

10

気泡緩衝材

うすいプラスチックシートの間に、空気をとじこめた空間をたくさんつくった、梱包材の一種だ。とても軽いし、こわれやすいものを守ってくれる。

軽さ

プラスチックが荷物や梱包に使われるのは、とても軽いからだ。品物と梱包材が軽いほど、配達に必要な燃料が少なくてすむからね。

軽くする

飛行機の燃料はコストがかかるし、環境にも有害だ。だけど、機体が軽ければ、燃料は少なくてすむ。最近の飛行機は、プラスチックの部品をたくさん使って、機体を軽くしているんだ。

必要なプラスチック

54

じょうぶさ

プラスチックに命をすくわれることがある。プラスチックを使えば、オートバイのヘルメットなど、さまざまな安全装備ががんじょうになるし、こわれたときに飛び散らないようにもできる。

車の部品

たとえばバンパーや制御装置など、大型トラックの3分の1がプラスチック製なんだ。ほかのたいていの素材でつくるより、軽くできるからね。

安さ

ポリスチレンのような低価格のプラスチックは、さまざまな形に成形できるんだ。コンピューターやテレビなど、高価な品物を保護するために使われる。

梱包用のすきま材

高価なものやこわれやすいものを守りたいなら、発泡ポリスチレン（発泡スチロール）の、クッション性のある小さいかけらを、まわりにつめよう。箱がぶつかったときの衝撃を吸収してくれるよ。

プラスチックとの関わり

プラスチックには、役立つ特性がたくさんある。品物や人々を衝撃から守ってくれるし、安くて軽いので、かんたんに運べるんだ。

かんたんに形をつくれる

プラスチックは、ほかの多くの素材よりも応用がきいて、つくれない形はほとんどない。たとえば、毎日、何億本もつくられているプラスチックのストローやパイプやチューブ。これらは押し出し成形という手法でつくられているんだよ。機械が、ノズルの先から、やわらかいプラスチックを細長くしぼり出すんだ。プラスチックの成形方法は、押し出し成形のほかにもたくさんある。

うすいシート

シャワーカーテンや、ポリ塩化ビニル（PVC）の衣料品は、プラスチックのうすいシートでできている。これをつくるには、加熱したプラスチックを、重いローラーではさんでのばすんだ。

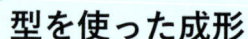

熱可塑性プラスチック

このタイプのプラスチックは、加熱するとやわらかくなり、冷えると固まる。再加熱すれば、何度でも、成形したり状態を変えたりできて、たいていはリサイクルできる。

22 プラスチックの生産

型を使った成形

プラスチック製の自転車用ヘルメット、ヨーグルトカップ、バスタブなどは、真空成形でつくられる。プラスチックシートをやわらかくなるまで熱して、型の上に置く。空気をすべて取りのぞいて真空にすると、シートが型にくっつくんだ。

中が空洞のプラスチック

ブロー成形とは、植木鉢やボトルなど、中が空洞のプラスチック製品をつくるための手法だ。液状のプラスチックや、やわらかいプラスチックを型に入れて、中に空気をふきこむ。そうすると、プラスチックが型にくっついて、目的の形ができあがる。

プラスチックの繊維

衣服の繊維は、じつはプラスチックの場合がある。小さな穴がたくさんあいた、ふるいのような装置から、プラスチックが押し出されて、繊維ができるんだ。

マイクロファイバー

37

かたいプラスチック

最もよく使われる成形方法は、液状のプラスチックに圧力をかけて、金型の中に射出する方法だ。模型やおもちゃ、ドライヤーなどの電化製品の外装に、使われるんだよ。

3D プリント

3D プリンターでつくられるプラスチック製品は、何百、何千という層でできている。ノズルから出る、加熱された線状のプラスチックのうすい層が重なって、目的の形になるんだ。

工業用プラスチック

ナベやフライパンの取っ手、ボウル、自動車部品など、強度のあるプラスチックは、圧縮成形でつくられる。これは、粒状のプラスチックを型に入れて、熱と圧力を加える手法だ。

液体プラスチック

プラスチックには、液状のものもある。ほかの物質とまぜられて、液体塗料や接着剤になる。

プラスチックとの関わり

プラスチックは、さまざまな方法で、好きなように形や状態を変えられる。だからこそ、プラスチックは人気のある素材となり、たくさんの製品がつくられるようになったんだ。

どうして海にプラスチックがあるの？

これまでに人間がつくったプラスチックは、90億トンをこえる。つくられるのは陸の上だけど、たくさんのプラスチックが最終的にたどりつくのは、海なんだよ。毎年、少なくとも800万トンが海に入りこむんだ！

プラスチックの海

海にあるプラスチックのうち、海にすてられたり、海でなくなったりしたものの分量は、多くても5分の1。残りは、世界中の川や小川を流れて、海にたどりついたんだ。

自然の輸送

風や雨や、地表を流れる水によって、軽いプラスチックは、小川や川へと運ばれる。川は、たまったプラスチックゴミを海にはき出すんだ。

下水

34

水路

35

人間の活動

プラスチックゴミは、排水溝や下水に、放置されたり、ポイすてされたりする。同じことが海でも起こる。そうして、海にプラスチックがたまるんだ。

マイクロプラスチックができるまで

36

投棄

38

ポイすてゴミ

39

海へ向かうプラスチック

海にあるプラスチックの多くは、世界中の川や小川によって、海まで運ばれるんだ。これらの水路は、高い場所から低い場所へと流れて、最後には海へと注ぎこむ。陸ですてられたゴミやプラスチックは、風や雨によって水路や排水溝に落ちて、そこから川に出たり、海に直接、はき出されたりする。

ふき飛ばされて

たいていのプラスチックゴミはとても軽いので、かんたんに遠くまでふき飛ばされるし、水源に入ることもよくある。

下水道へ

トイレに流されたウェットティッシュや使いすておむつなどのプラスチックゴミは、下水システムに入る。これらのゴミはつまりの原因になるし、下水処理場でろ過するのに時間と労力がかかる。プラスチックをふくむ廃水を、海に直接、流してしまうところもあるんだ。

マイクロプラスチック

36

フィルターを通りぬけて

プラスチック粒子のなかでも、すごく小さいものは、下水システムのフィルターを通りぬける。そして、水といっしょに、海に流れ出るんだ。

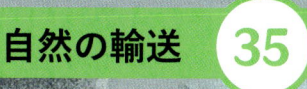

投棄

投棄や事故

海では、古いつり糸や網、かごなどがすてられることがあるし、それ以外のプラスチックが事故で投げ出されることもある。たとえば、ボートが転覆したり、プラスチック製品をつんだ貨物コンテナが、船から落ちたりするんだ。

海岸にポイすてされたゴミ

ビーチや海岸には、プラスチック製のコップや袋、おもちゃ、スプーンやフォークなどのゴミが残されて、しょっちゅう風で飛ばされたり、波にさらわれたりする。

流れに身をまかせて

水路はつながっていて、たがいに流れこんでいる。つまり、ある場所ですてられたり落ちたりしたプラスチックゴミが、何百キロメートルも流されて、海まで運ばれることがよくあるんだ。

プラスチックとの関わり

海のプラスチック問題は、陸ではじまる。ほとんどのプラスチックは軽くて水にうくので、流されて遠くまで運ばれるんだ。わたしたちは、プラスチックが海にたどりつかないよう、生産と使用をよく考えないといけない。

マイクロプラスチックができるまで

見た目は小さくても、マイクロプラスチックが引き起こす問題は大きい。この5ミリメートル以下の、ちっぽけな無数のかけらが、海をよごしているんだ。マイクロプラスチックで海水がにごると、日光がさえぎられて、水中の植物やプランクトンが育たなくなる。海の生物の体内が、マイクロプラスチックでつまることもある。このマイクロプラスチックが生まれて海に来るまでには、さまざまな道筋があるんだよ。

ダメになったタイヤ

自動車のタイヤが道でけずられると、小さなかけらができる。そのかけらが、排水溝や川に落ちて、海まで行きつくこともあるんだ。

海に投げ出されるレジンペレット

レジンペレットとは、工場で使われる、小粒のプラスチックだ。これが海にすてられたり、事故で海に落ちたりすることがある。船が衝突して、何トンものレジンペレットが海に投げ出されたこともあった。

事故

35

ポリスチレン

ポリスチレン製のカップや包装材は、かんたんに細かくくだけるんだ。それがふき飛ばされたり、川や海に流されたりする。

プラスチックなしで洗おう **59**

マイクロビーズ

国によっては、歯みがき粉や化粧品や日焼け止めなどに、小さなプラスチックビーズが入っている。これらのプラスチックビーズは、下水道を通って、海に入るんだ。

マイクロファイバー

プラスチック繊維を洗たくするたびに、何千本というマイクロファイバー（ものすごく細い繊維）がぬけるんだ。マイクロファイバーは、人間の髪の毛よりも細いから、洗たく機や下水処理施設のフィルターを通りぬけて、海まで流れ出ることもあるんだよ。

海でつくられるマイクロプラスチック

海の中にある大きなプラスチック片は、太陽光にさらされて、もろくなる。そして、波にぶつかられたり、ゆさぶられたりするうちに、くだけるんだ。時間がたつほど、どんどん小さくなって、最後にはマイクロプラスチックになる。

プラスチックとの関わり

マイクロプラスチックができる原因はたくさんある。だけど大半は、プラスチックがけずられたりこわれたりして、できたものなんだ。とても小さいので、海への流入を止めるのはむずかしい。

海岸から海底まで

海にあるプラスチックのすべてが、海面にういているわけじゃない。ビーチや海岸にもたくさんのプラスチックゴミが打ち上げられているよね。くさいし、きたないし、有害な可能性だってあるんだ。水面から深くまで沈んで、見つけづらいプラスチックもある。つまり、海のプラスチックゴミの問題は、科学者たちが考えているよりも、ずっと深刻かもしれない。

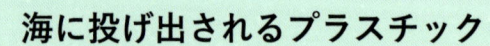

海のマイクロプラスチック

37

海に投げ出されるプラスチック

何十万隻もの船やボートが、海に出て漁をしている。よくあるのが、こわれたプラスチックの網やロープやワナやカゴを、海でなくしたりすてたりすることなんだ。ゴースト・ギア（漁具の幽霊）とよばれるこれらのゴミが、海をよごしている。

沖合で

外洋では、マイクロプラスチックや、それより大きいプラスチック製品が集まって、いろんな深さでゴミの層をつくることがある。水面より何メートルも下にある層だと、場所の特定や測定がむずかしい。

いちばん深いところへ、もぐってみると

マリアナ海溝にある、世界でいちばん深いチャレンジャー海淵に、潜水艇がもぐったことがある。そこにも、レジ袋やキャンディーの包みなどのプラスチックゴミがあったんだ。

海の底で

海底に沈むくらい、重くて、密度の高いプラスチックもある。海底では、海の植物や動物にからみついて、害をあたえることがあるんだ。

はるかかなたの、プラスチック

太平洋にうかぶヘンダーソン島は、どの大陸からも 5000 キロメートル以上はなれているのに、海流が運んできたプラスチックゴミが散らばっている。研究者たちは、島の海岸で、1 平方メートルあたり平均で 600 個をこえるプラスチック片を発見した。遠くはなれたドイツやカナダから流れついたものもあったんだよ。

毎年、海に流出する漁業用具は、80 万トン以上にのぼる。これは、大型のスクールバスで、6 万 4000 台分の重さだ。

海の生きもの

45 →

海岸の近くで

プラスチックの 80％は、陸から 10 キロメートル以内の海流にのって移動する。このゴミのほとんどが、波や潮流に運ばれて、海岸に打ち上げられるんだ。沿岸のゴミの多くをしめるのは、ペットボトル、ウェットティッシュ、タバコのすいがらなどだ。

沿岸に生息する鳥が、明るい色のプラスチックにひかれて、食べようとすることもある。

野生生物の被害

プラスチックは、沿岸の生物をからめとるワナとなり、命をうばうこともある。ペットボトルのふたを家にするヤドカリもいるけれど、ボトルの方に入って出られずに死ぬヤドカリもたくさんいるんだ。

プラスチックとの関わり

海面から、深い海の底まで、すべての場所がプラスチックで汚染されている。プラスチックは、あらゆる水域の生物に危険をあたえる。海岸に打ち上げられた場合も、多くの害を引き起こすんだ。

プラスチックは、海に害をあたえるの？

科学者たちは、プラスチックの海への影響を、なんとか理解しようとしている。わかっているのは、プラスチックが海をよごし、動植物の生息域をこわしているということ。生物の体内に取りこまれるプラスチックの量や、食物連鎖にあたえる悪影響についても、少しずつわかってきている。

海への害

多くの海の生きものが、そして海鳥の半分近くが、体内にプラスチックを取りこんでいる。大きなプラスチックゴミなら、よけられるとしても、ほとんど目に見えない無数のマイクロプラスチックは、どうしても飲みこんでしまうんだ。

汚染

大小さまざまなプラスチックが、海水や海底やサンゴ礁を汚染し、これらすべての場所で、問題を起こしている。

ゴミベルト

42

海の生息域

44

食物連鎖

プラスチックは、食物連鎖に入りこんで、かきみだす。そのため、食料の供給や、食物連鎖に関わるたくさんの海の生きものに、悪影響がある。

海の生きもの

46

人間たち

47

海流でつながる大海

海は、地球の表面のほぼ70%をしめている。世界には、太平洋、大西洋、インド洋、北極海、南極海の、五大洋があるよね。だけど実際には、それらは全部つながっていて、ひとつの大きなシステムをつくっているんだ。海流という大規模な水の動きが、海水を運んで、大洋をつないでいるからね。つまり、プラスチックゴミが大洋のどれかに入ったら、世界中のほとんどどこにでも、流れつく可能性があるんだ。

海へ向かうプラスチック

古いプラスチック

太平洋ゴミベルトができたのは、最近だと思われていた。だけど、そのゴミの中には、50年以上前のプラスチック製の大きなケースがあったんだ。

プラスチックゴミが集まる場所

ハワイとアメリカ大陸の間には、「太平洋ゴミベルト」がある。このプラスチックだらけの海域は、フランス国土の3倍もの広さなんだ。何千億個ものプラスチック片の多くが海面下にあるので、正確な測定はむずかしいけどね。

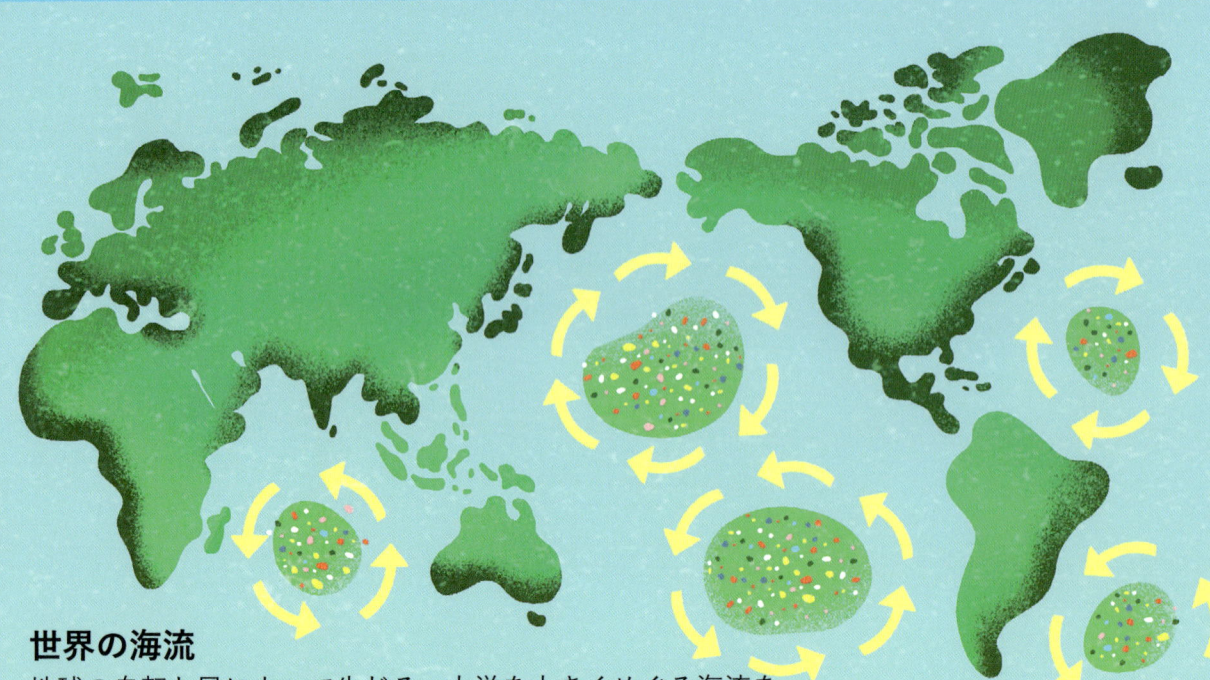

世界の海流

地球の自転と風によって生じる、大洋を大きくめぐる海流を、環流という。大規模な環流は、世界に5つある。うずまく環流にまきこまれたプラスチックゴミは、うずの中央にある流れの穏やかな海域に集まって、ゴミベルトを形成することがある。

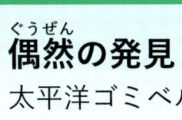

偶然の発見

太平洋ゴミベルトは、1997年に、ヨットにのっていた人が発見したんだ。調査によると、海にすてられるプラスチックがふえるにつれて、ゴミベルトも大きくなっている。

プラスチックの島

ゴミベルトのそこかしこに、すてられた漁網やペットボトル、そのほかの大きなプラスチック製品がからみあってできたゴミの島がうかんでいる。ゴミについた藻が繁殖して、悪臭を放つことも多い。

船外に投げ出され

1992年の嵐のさなか、太平洋を航海中の貨物船から、1個のコンテナが落ちた。入っていたのは、プラスチック製のふろ用おもちゃ、約3万個。その後、プラスチックのアヒルやカメ、カエルたちが、オーストラリアやアラスカ、ヨーロッパ、南米の海岸に流れついたんだ。海流がいかに遠くまで物を運ぶのか、これでわかるよね。

海の生物の中にあるプラスチック

プラスチックのスープ

海のゴミベルトの大部分は、水中を浮遊する無数の小さなマイクロプラスチックなんだ。そのせいで、海の水が、にごったきたないスープみたいに見える。

46

プラスチックとの関わり

プラスチック汚染は、つながりあう大洋と海流によって、全世界に広がっている。海のゴミベルトの巨大さを知れば、プラスチックがどれほど海を汚染しているのか、はっきりとわかる。

海の生きもの

地球の海は、めずらしい生物の宝庫なんだ。なかでも、サンゴ礁のある浅い海は、動植物のゆたかな生息域だ。これらの海域は、広さでいうと世界の海の1%足らずなのに、海のすべての生きものの約20%がくらしている。そんなサンゴ礁などの海域が、いま、プラスチックゴミの脅威にさらされているんだ。プラスチックのせいで死ぬ魚は、年に100万匹をこえ、その影響もあって、海鳥の数が1950年の3分の1にまでへっている。

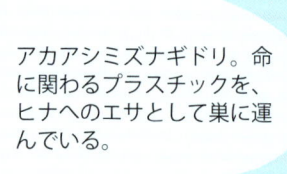

アカアシミズナギドリ。命に関わるプラスチックを、ヒナへのエサとして巣に運んでいる。

にせの食べもの

海鳥は、ういているプラスチックの粒を、魚のたまごと勘違いしたり、色つきのプラスチックを小魚と間違えたりするんだ。とがったプラスチックを飲みこむと、内臓が傷ついたり、胃がつまったりする。いまでは、ほとんどの海鳥の胃の中に、プラスチックがある。

死にいたるワナ

プラスチックゴミにとらわれて、自由に泳げなくなる魚もいる。それよりもっと多いのが、プラスチックが口やエラや胃につまり、呼吸や食事ができなくなって死ぬ魚だ。

シーフードの中のプラスチック

47

サンゴの被害

プラスチックは、サンゴに必要な日光をさえぎるし、かたいプラスチックがサンゴの表面を傷つけることもある。そのプラスチックに有害なバクテリアがついていると、傷口から病気に感染することもあるんだ。

藻の誘惑

長い間、海の中にあるプラスチックには、藻が生い茂る。その藻からは、魚や鳥が好むエサと、同じにおいがするんだ。お腹をすかせた魚や鳥が、藻といっしょにプラスチックを食べてしまうかもしれない。

野生生物の被害

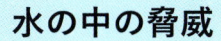

水の中の脅威

海鳥が、水にもぐったり泳いだりするときに、水面下をただようプラスチックゴミにからまることがある。自力でははずせず、水面に出ようともがきながら、おぼれ死ぬ鳥もいる。

プラスチックとの関わり

プラスチックゴミの影響が最も強く表れる場所が、海なんだ。プラスチックのもたらすさまざまな脅威によって、あらゆる海の生きものが、深刻な打撃を受けるだろう。

プラスチックは消化できる？

海の動物が、レジ袋やリングキャリアを飲みこんでしまった場合、エサのようには消化できない。プラスチックが胃や腸に残ると、動物は、ふつうには食べられなくなる。

からみつかれて

毎年、何千頭ものウミガメが、プラスチックのせいで死んでいる。プラスチックの糸や網にからまったり、クラゲと間違えてレジ袋を食べて、窒息したりするんだ。

マイクロプラスチックの食物連鎖

人が1年間に食べるマイクロプラスチックは、平均して少なくとも5万個。すいこむ量は、さらに多い。プラスチックを摂取した動物を食べたせいで、体に入るプラスチックの量もかなり多い。この一部が、体内にずっと残るかもしれないんだ。科学者は、人間の体内のマイクロプラスチックによる害を研究している。わかってきたのは、マイクロプラスチックは人間の細胞を傷つけ、呼吸や、人体が病気とたたかう仕組みに悪影響をおよぼしかねないことだ。プラスチックにふくまれる化学物質が、人間の成長をさまたげる可能性もある。

動物プランクトン

第1次消費者

無数に存在する小さな動物プランクトンは、海の食物連鎖で、ほかの生物を消費する（食べる）最初の生物だ。植物プランクトンを食べるとき、水をすいこむのといっしょに、微細なマイクロプラスチックも取りこんでしまう。

オキアミ

サバはオキアミを食べるのと同時に、オキアミの中のプラスチックを食べる。

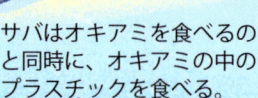

マグロ

第2次消費者

たとえばエビみたいな外見のオキアミなどの第1次消費者は、もっと大きな魚に食べられる。こうして、オキアミの中のプラスチックが、食物連鎖に沿って移動するんだ。

海の食物連鎖

食物連鎖は、生物がほかのどの生物を食べるのかを表している。食物連鎖があるから、生物は、生存に必要なエネルギーや栄養をえられるんだ。ふつう、食物連鎖は植物からはじまる。植物は自分で栄養をつくるからね。動物が、植物やほかの動物を食べることで、食物連鎖に沿ってエネルギーが移動する。すべての生きものは、食物連鎖の中にある。

さらに上位の消費者

狩る動物が、狩られることもある。サバはマグロに食べられるけれど、そのマグロは、人間につかまえられて食べられる。

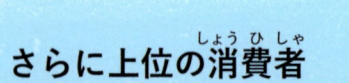
海をきれいに

51

マイクロプラスチック

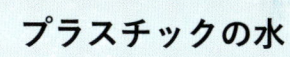

シーフード

シーフード料理を食べるときには、マイクロプラスチックも食べていると思ったほうがよさそうだ。いまや、魚の4分の3に、マイクロプラスチックがふくまれているというからね。

プラスチックの水

ペットボトル入りの飲料水や、水道水から、細かいプラスチック粒子が見つかっている。ほとんどのマイクロプラスチックは、小さすぎて、目では見えない。

塩

料理に塩をふるとき、もしかしたら、マイクロプラスチックもふりかけているかもしれないよ。マイクロプラスチックは、さまざまな種類の海の塩から見つかっている。ほとんどの海塩は、海水を蒸発させてつくるから、塩だけじゃなく、海水中のマイクロプラスチックも残るんだ。

プラスチックとの関わり

海の生物がほかの生物を食べることで、マイクロプラスチックが食物連鎖にのって人間までとどく。プラスチックは、人間の体内にたまり、化学物質を出す。それにより、成長がさまたげられることがあるんだ。

プラスチックの後始末をはじめるには？

わたしたちは、できるだけプラスチックにたよらない未来をつくるべきだ。だけどその前に、プラスチックが陸や海にもたらした問題にも対処しなくてはならない。すでに生じた被害の後始末をするために、そして、プラスチックの使用量をへらすために、行動を起こさなくてはならないんだ。

プラスチックを少なく

地球上にあるプラスチックの量をへらすのは、大きな挑戦(ちょうせん)だ。そのためには、人々と地域(ちいき)社会と国が協力して、プラスチックゴミを片づけ、プラスチックをできるだけ使わないという大きな選択(せんたく)をする必要がある。

きれいにする

すでに地球をよごしているプラスチックゴミを、取りのぞかなくてはならない。慈善団体(じぜんだんたい)や地域社会、科学者たちが、力を合わせてこの問題に取り組んでいる。

清そう

50

技術(ぎじゅつ)

52

プラスチックを新しくつくらない

プラスチックの生産量は、規制(きせい)や、新しい法律(ほうりつ)によってへらせる。国は、別のものを買うよう人々に働きかけたり、プラスチックに代わる素材(そざい)を支援(しえん)したりできるんだ。

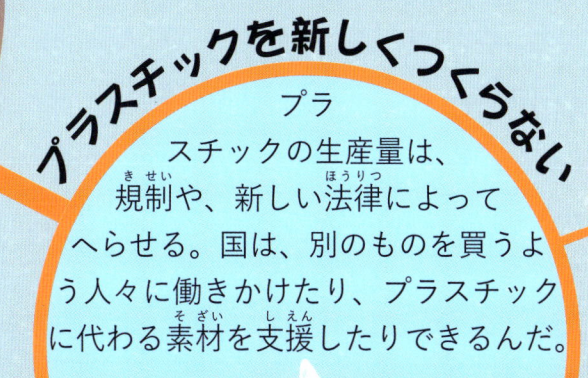

新たな法律

54

禁止(きんし)と課税(かぜい)

55

清そう活動

木の枝に引っかかったレジ袋や、食品中のマイクロプラスチックなど、プラスチック汚染はいたるところにある。すてた場所から、はるか遠くまで移動するプラスチックも多い。プラスチックゴミを地域からすべてなくすには時間と労力がすごくかかるけれど、その価値を多くの人が認めている。清そうによって、地域はもっと魅力的になり、人々や動植物にとって安全な場所になるんだ。

お金をはらうのはだれ？

政府と、プラスチックをたくさん生産する企業が、清そう費用を出すべきだという意見も多い。

ゴミを集めるのはだれ？

清そう活動の大部分は、ゴミの収集と分別を仕事にしている人や、自由時間を使って活動するボランティアや、リサイクル業者が行っている。これらの人々のおかげで、公共の場からプラスチックがなくなるんだ。

ゴミ拾い

プラスチックを拾う

個人、慈善団体、学校、あるいは地域社会全体が、その地域で清そうイベントを開くことができる。安全手袋と、ゴミ袋と、ゴミ拾いの道具さえあればいい。

68

PET

ポリエチレンテレフタレートを略して PET（ペット）という。清そうでいちばん拾われるのが、ペットボトルだ。

ドローンを使って

空を飛ぶドローンがあるよね。機種によっては、プラスチック汚染(おせん)の場所を見つけてマップをつくるよう、学習させられる。カメラで、ゴミの種類を区別できるんだ。

水の上で

ボートやカヤック、いかだなどがあれば、ボランティアが、川や小川や湖にうかぶプラスチックをすくい取ることができる。水路(すいろ)によっては、長いフェンスやしかけの網(あみ)を設置(せっち)して、プラスチックゴミを1カ所に集めて回収(かいしゅう)しやすくしているんだ。

海岸をきれいに

ビーチや海岸のゴミ拾いをする団体はたくさんある。海洋保護団体のオーシャン・コンサーバンシーは、「国際(こくさい)海岸クリーンアップ」というイベントを、毎年、何千回も開いているんだ。およそ100万人が参加して、ゴミを集めて、プラスチックの種類や製品(せいひん)ごとに分別している。

HDPE

高密度(こうみつど)ポリエチレンをHDPEという。清そう中に集められたHDPE製品の多くが、リサイクルできる。

PP

ポリプロピレンをPPという。PP製のボトルキャップや食品包装(ほうそう)のゴミは、すごく多い。

収集と記録

海岸を清そうする団体が集めた情報は、プラスチック汚染を研究する科学者のために役立っている。問題の大きさが、より正確(せいかく)にわかるからね。

プラスチックとの関わり

プラスチックは、地球の大地と海をよごしている。地域をきれいにして、プラスチックゴミをへらせば、みんながもっと健康にくらせる場所をつくれるんだ。

科学技術

エンジニアと科学者たちは、プラスチック問題を解決するため、新しい化学や技術の開発に、懸命に取り組んでいる。川や海や海岸からプラスチックゴミを取りのぞく装置をつくっている人もいるし、リサイクルしやすいプラスチックや、環境から取りのぞきやすいプラスチックを開発している人もいる。これらの取り組みが成功すれば、効果は大きいだろう。

泡のカーテン

たくみな方法で、水路を清そうする装置がある。水中で、泡をふき出すんだ。この泡のカーテンは、魚なら通りぬけられるけど、プラスチックは通れない。のぼっていく泡が、プラスチックを水面まで運ぶので、そこで回収できる。

川の清そうマシン

川を行き来しながら、水面の近くで浮遊しているゴミをすくい上げる、ロボットマシンの開発が進んでいる。1日でおよそ500キログラムのゴミを集める機械もある。ゴミの多くがプラスチックなんだ。

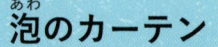

新しいアイデア

67

ウォーター・スキマー

川や湖、海岸、海からプラスチックゴミを集める、特殊な船。ベルトコンベヤーでプラスチックゴミを運んで大きな袋につめて、そのまますてられるようにする。

プラスチックを食べるバクテリア

バクテリアや菌類には、PET（ペット）などのプラスチックを分解する、特殊な化学物質をつくるものがいる。科学者たちは、これらの化学物質を、河川や海洋の汚染を解決するために、将来的に役立てようとしているんだ。

プラスチックをくさらせる

化学者たちは、これまでつくられてきたプラスチックに、化学物質を加える実験をしている。すてられたプラスチックを早くくさらせることができれば、プラスチックゴミの問題が小さくなるかもしれない。

ドローン

砂の吸引機

バックパックのように背負うタイプの、特殊なそうじ機がある。すい上げたビーチの砂から、プラスチックをより分けられるんだ。数時間で、100万個以上のマイクロプラスチックを回収できる。

船が定期的にやってきて、プラスチックゴミを回収し、処分にまわす。

パイプがゆっくり動くので、プラスチックが流れていかない。

海をきれいにする

これは、オランダの10代の若者が発明した装置だ。長さ約600メートルのC字型をしたパイプを、海のゴミベルトにうかべる。装置は海流にのって移動して、たくさんの浮遊プラスチックを回収するんだ。

プラスチックとの関わり

科学技術は、清そうの助けにはなるけれど、これでプラスチック問題が完全に解決するわけじゃない。そもそも、プラスチックをこれほど大量につくらないようにしないとね。

プラスチックの禁止

それほどプラスチックが有害なら、国が禁止すればいいのにって？　そんなにかんたんな話じゃない。企業や人々がプラスチックを好む理由は、軽さや安さはもちろんのこと、ほかにもたくさんある。必需品になっている製品もあるし、ほかの素材では十分な性能が出せない場合もある。つまり、プラスチックを全面的に禁止するのは、まず無理なんだ。それでも多くの国が、一部のプラスチック、とくに使いすて製品の販売や使用を、禁止したり制限したりしている。

必要なプラスチック

衝撃を吸収するヘルメットのように、安全性を高めるために、プラスチックが使われ続けることもあるだろう。安全にすてられるプラスチックは、医療用品にも使われている。

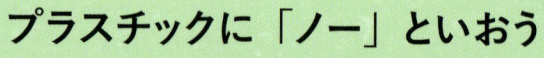

プラスチックに「ノー」といおう

キャンペーン活動をすれば、プラスチックの問題を広く伝えられる。また、プラスチックの少ない製品をつくるよう、政府や企業への働きかけもできる。

使いすて

10

企業のプラスチック生産量の制限を求めて、キャンペーン活動をする人もいる。

手ごろな値段でつくること

たいていの場合、プラスチック製にするのがいちばん安上がりなんだ。プラスチックに代わる素材を使った商品は、値段が上がって、買えない人が多くなる。代替の素材をもっと安くする方法を、見つけなくてはならない。

新たな法律

ストローや食品トレーや容器など、特定のプラスチック製品を禁止している国もある。使いすてのレジ袋を法律で禁じている国は、90カ国をこえる。

世界的な合意

国連は、プラスチック汚染に関する世界的な条約をつくることに合意している。すべての国は、自国でのプラスチックの使用状況を細かく確認すると、約束しなくてはならない。

ものを売るときにプラスチックを使わない

スーパーマーケットは、プラスチックをへらすために、できることがもっとある。食品の包装を再使用できる素材に変えてもいいし、飲みものやパスタ、シャンプーなどを、買い物客がもってきた容器で買えるようにするのもいい。

プラスチックとの関わり

国や企業には、世界のプラスチック使用量を大きくへらす力がある。プラスチック製品の禁止や課税は、プラスチック汚染とたたかう方法のひとつなんだ。

いろいろな包装の方法

プラスチック包装材をへらす取り組みをしている企業もある。プラスチックの代わりに紙やダンボールを使ったり、リングキャリアを使わず、缶を直接、接着剤でくっつけたりするんだ。

包装の禁止

くだものや野菜のプラスチック包装を禁止している国も、少ないけれど、あるんだよ。国によっては、スーパーマーケットにプラスチックを使わない通路をもうけて、商品をむきだしでならべるところもある。

入れものをもっていこう

59

プラスチックに税金をかける

1990年代以降、レジ袋への課税が多くの国ではじまった。使いすてのプラスチック製品のために、お金をよけいに払わされるとなると、みんな使わなくなるからね。

プラスチックを使うのをやめられる？

いまでは、わたしたちが買って、使って、すてるたくさんのものに、プラスチックが使われている。わたしたちは、プラスチックが身近になりすぎて、ほかの選択肢(せんたくし)になかなか気づけない。だけど、さがせば、代わりはたくさんあるんだよ。

プラスチックをやめる

企業がプラスチック製品をつくって売るのは、買う人がいるからなんだ。みんながプラスチックなしの製品を選べば、企業は製品を見直すだろうし、新たなプラスチックの生産を止められるかもしれない。

使う量をへらす

できるだけ、プラスチックが使われていないものを選ぼう。いまあるプラスチックは、再使用とリサイクルを心がけて、ゴミ箱行きにしないこと。

再使用や修理

58

プラスチックをさける

59

リサイクル

60

素材

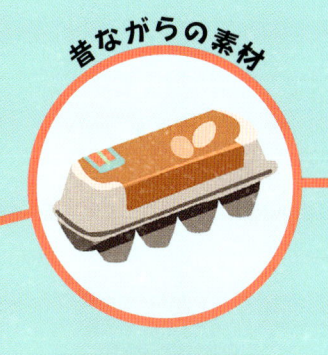

プラスチックに代わるもので、使い勝手のいいものは多い。そもそも、新しいプラスチック素材をできるだけ使わないくらし方を、見つける必要がある。

昔ながらの素材

62

代わりの素材

63

プラスチックの少ないくらし

プラスチックの使用量やゴミをへらすために、日々のくらしの中でできることは、たくさんある。たとえば、新しいものを買わないと決めて、いまあるもので間に合わせ、修理して使うこと。包装材やストローやレジ袋のような、使いすてのプラスチック製品をさけること。プラスチックがあまり使われていない商品を選ぶだけでも効果がある。ほんのちょっと頭を使って工夫するだけで、驚くほど、新しいプラスチックを使わずにすますことができるんだ。

プラスチックの衣類を買わずにすまそう

新しい服の多くには、プラスチックが使われている。新品の服をあまり買わないようにして、何回か着ただけですてるのもやめよう。そのかわり、手持ちの服を長く着たり、友達と交換したり、古着を買ったりするんだ。

55 いろいろな包装の方法

ペットボトルやプラスチック容器を再使用して、新しいプラスチックを使わずにすませよう。

再使用しよう

使いすてのプラスチック製品ではなく、くりかえし使えるものを選んで、プラスチックゴミをへらそう。水とうを使えば、ペットボトル飲料を買って、飲んで、使いすてにするのをやめられるよね。

プラスチックを再活用しよう

ゴミ箱行きの古いプラスチックだって、便利なものに生まれ変われるんだ。鳥のエサ入れや、アクセサリー、えんぴつ立てなどに、つくり変えてみよう。

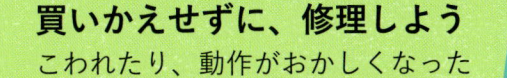

プラスチックとの関わり

みんなが、日々使うプラスチックの量をへらせば、すばらしく大きな変化が生まれるだろう。プラスチックを少ししか、あるいはまったく使っていない品を選べば、業界もそれにならうかもしれない。

買いかえせずに、修理しよう

こわれたり、動作がおかしくなったりしても、すぐにはあきらめないこと。プラスチックがたくさん使われている新品に買いかえるよりも、かんたんに安く修理できることも多いからね。

プラスチックなしで洗おう

マイクロプラスチックが入ったものを、買わないこと。ボディソープやシャンプーは、液体ではなく、固形せっけんを使うのもいいだろう。使い切ったときに、プラスチック容器をすてたりリサイクルしたりせずにすむからね。

入れものをもっていこう

シリアルやナッツ、パスタ、ハーブなどを、ばら売りするお店もある。買い物客は、くりかえし使える容器を持参して、これ以上プラスチックを使わないようにしているんだ。

古着を着よう

リサイクル

プラスチックの修理や再使用が、これ以上はできないって？ じゃあ、正しくリサイクルしよう。エネルギーや資源を、新たなプラスチック生産に使わずにすむからね。しかも、いらなくなったプラスチックがゴミ埋立地に送られることも、陸地や海ですてられることもなくなる。じつは、これまでにつくられたプラスチックは、9％しかリサイクルされていないんだ。プラスチックのリサイクルは複雑で、時間もエネルギーもいるけれど、プラスチックの生産量をへらせるのだから、その価値はある。

修理と再使用

プラスチックゴミ

プラスチックのリサイクルの第一歩は、たいていの場合、ゴミ収集車による回収だ。回収されたゴミは、リサイクルセンターへと運ばれる。

ゴミの分別

自分のゴミを分別することから、リサイクルをはじめよう。いらないプラスチックは、学校や家にあるリサイクル用の箱に正しく入れて、回収してもらおう。

プラスチックの種類

プラスチック製品には、数字が入った三角形のマークがついている。リサイクルセンターは、そのマークで、種類とリサイクルできるかどうかを判断するんだ。

（注意：左の 01 〜 07 の数字は、アメリカで使われている識別番号なんだ。日本でのマークを調べてみよう。）

01-PET

ペットボトル、持ち帰り用トレー

02-HDPE

牛乳の容器、袋、シャンプーボトル

03-PVC

ホース、水道管、錠剤の包装

04-LDPE

食品チューブ、ラップ、袋

05-PP

ボトルキャップ、おもちゃ、ストロー

06-PS

包装材、ホットドリンク用カップ、梱包用のすきま材

07-O

CD、アクリルの衣類、ナイロンの歯ブラシ

リサイクルできないプラスチックもあって、たいていはゴミ埋立地に送られる。

仕分けをする

プラスチックは、リサイクルセンターで仕分けられる。種類ごとに、その後の処理が変わる。

家庭でのリサイクル

69

ばらばらにする

プラスチックは、機械で細かくくだかれて、ベルトコンベヤーにのせられる。

とかす

プラスチックは加熱され、とかされる。その後、成形されてレジンペレットとなる。これで、プラスチック製品をつくる工場に出荷できる。

洗って乾かす

くだいたプラスチックを、ジェット水流と乾燥機で、きれいにする。選別がさらに進み、異物が取りのぞかれる。

プラスチックとの関わり

リサイクルで、プラスチックは生き返る。すべてのプラスチックがリサイクルできるわけではないので、プラスチックを買うときは、種類にも注意しよう。プラスチックをさけられず、再使用もできないのなら、リサイクルだ！

新たなプラスチック

プラスチックがリサイクルされて、別の物になることも多い。これは、プラスチックの分子がリサイクルによってわずかなダメージを受けるためだ。リサイクル後の新たなプラスチックは、前よりも品質が落ちる。

PET

PET（ペット）は、リュックサックやカーペットや繊維などにリサイクルされることが多い。

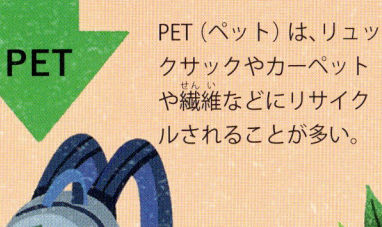

HDPE

HDPEは、屋外用のおもちゃや、植木鉢にリサイクルできる。

代わりの素材

材料を研究する科学者も、プラスチック問題に、懸命に取り組んでいる。まず、化石燃料からつくられるプラスチックに代わる、害の少ない、新しい代替素材の開発が進んでいる。また、プラスチックの代わりに、すでにある素材を使う新たな方法も検討されている。たとえば洗顔料には、プラスチックのマイクロビーズの代わりに、オーツ麦やクルミの殻をくだいたものを入れられるんだ。だけど、どの代替素材も完璧ではない。それぞれに、利点も欠点もある。

竹

竹のような植物は、成長が早い。種類によっては1日に50センチメートルものびて、高さが20メートルをこえることもある。竹の茎を材料として、靴下や、歯ブラシの毛ができるし、プラスチック製が多い綿棒の軸やストローだってつくれるんだよ。

いろいろな包装の方法

55

ボール紙など

梱包材をつくるには、プラスチックよりもボール紙のほうが、エネルギーと水がたくさん必要なんだ。だけど、ボール紙のほうが、生分解が早くてリサイクルもしやすいし、木を新しく植えれば、つくり続けられる。プラスチックの材料の石油は、いずれ枯渇するけどね。

アルミニウム

軽量の金属のアルミニウムは、鉱山で採掘されて、アルミホイル、缶、容器の材料となる。一部のプラスチック容器の代わりとなり、何度もリサイクルできるけれど、製造にたくさんのエネルギーがいる。

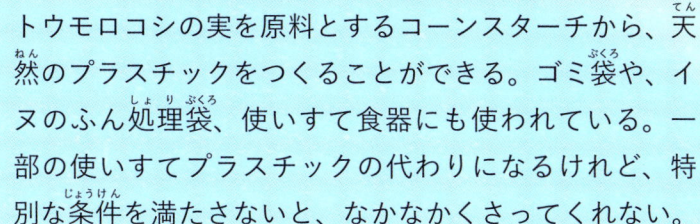

コーンスターチからつくるプラスチック

トウモロコシの実を原料とするコーンスターチから、天然のプラスチックをつくることができる。ゴミ袋や、イヌのふん処理袋、使いすて食器にも使われている。一部の使いすてプラスチックの代わりになるけれど、特別な条件を満たさないと、なかなかくさってくれない。

使いすて容器

海藻

地球の海には、何億トンもの海藻がある。その一部が、使いすて容器や食品用包装のさまざまな素材として、生まれ変わろうとしている。海藻でできた包装材は、いまのところ、プラスチックよりもはるかに高くつく。だけど、何百年などではなく、数週間で生分解するんだ。

カゼインプラスチック

この天然のプラスチックがはじめて牛乳からつくられたのは、1900年代のことだ。科学者たちはいま、もっとじょうぶでかんたんにつくれるカゼインプラスチックを開発している。完成すれば、飲食物用のプラスチック容器の代わりになるかもしれない。カゼインプラスチックは、すてられるとすぐにくさるんだ。

プラスチックとの関わり

プラスチックに代わる素材はたくさんあるし、開発も進んでいる。生分解がプラスチックよりはるかに早く進むものもあるけれど、製造コストを下げるには、さらなる研究が必要だ。

ほかにも
できることは
あるの？

プラスチックの問題は、あまりに大きすぎて、圧倒<ruby>圧倒<rt>あっとう</rt></ruby>されそうになるよね。だけど、だれもが、プラスチックがもたらす害とたたかうことができる。行動を起こすのに、おそすぎることは決してない。協力すれば、ひとりひとりが、プラスチックのゴミを後始末<ruby>後始末<rt>あとしまつ</rt></ruby>し、その使用をへらし、地球を守ることができるんだ。

次のステップ

国、地域社会、そして、わたしたちのひとりひとりに、プラスチック問題を解決するために、行動を起こす責任がある。だれもが、いろんな形で、貢献できるんだ。

力を合わせて

わたしたちは、大小さまざまなグループで、変化のために声を上げ、新たな法律をつくり、プラスチックの使用とゴミの量をへらす方法を見つけられる。

わたしたち人間

66

企業

66

政府

67

ひとりひとりに、できること

プラスチックを買わず、使わず、すてないことを意識しよう。こういったかんたんな行動は、小さなことに思えるけれど、積み重なれば大きくなる。あなたは、変化を起こせるんだ。

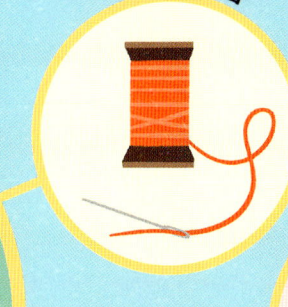

交換や修繕

68

考えを伝える

69

包装

69

わたしたちみんなで、できること

プラスチックの問題が心配な人は、変化のために声を上げられる。ひとりでもできるけど、グループの一員としてもできる。さまざまな団体が、地域の清そうや、プラスチックの代替品の配布、プラスチックにたよらないくらし方の提案などに取り組んでいるんだ。大企業や政府のリーダーとの対話を求める人もいるんだよ。対話を機に、企業がプラスチックの扱いを変えたり、プラスチック使用量をへらす条例ができたりすることだってある。

方針の切りかえ

それぞれの組織が、単純な取り組みで、前向きな変化を起こせるんだ。たとえば、プラスチック包装をへらすとか、プラスチック素材から竹や紙の素材に切りかえるとかね。

考え方を変える

多くの団体が、キャンペーン活動によって、人々の考え方を変えようとしている。プラスチックの問題や、その解決方法について、もっと理解してほしいと思っているんだ。

プラスチックに「ノー」といおう

客の力

ファストフード店を運営する企業が、多くの人の抗議を受けて、子どもの食事にプラスチックのおもちゃをつけるのをやめたこともある。声を上げる人の数が多ければ、企業は耳をかたむけて、方針を変えるかもしれない。

プラスチックとの関わり

ほかのみんなと協力すれば、プラスチック問題に取り組みやすくなる。たくさんの人が声を上げれば、リーダーたちも、プラスチック使用量をへらすための変化が必要だとわかるだろう。

政府との協力

プラスチック問題について知る人が多くなれば、政府が人々と協力して、活動しやすくなる。リサイクルの改善方法、特定のプラスチック製品の削減や禁止、プラスチックにふくまれる有害な化学物質の規制などについて、同意をとりやすくなるだろう。

新しいアイデア

自動販売機で古いペットボトルをリサイクルする場所もある。自動販売機にペットボトルを入れるたびに、小銭が出てくるんだ。みんなが新しいプラスチックを買わないようにするために、政府が導入できる、いいアイデアだよね。

要望書

ある問題について強い意見があるときには、ほかの人たちといっしょに手紙を書くのもいいね。みんながプラスチック対策を望んでいるのだと、政府や企業に知らせるんだ。

変化を起こす子どもたち

子どもたちがはじめた抗議活動が、大きな成果を生むことも、よくあるんだ。リサイクルがさかんになったり、プラスチックの使用量がへったり、清そうの日がつくられたりしてきた。政府に働きかけて、プラスチックの使用に関する法律を改正させた子どもたちもいるんだよ。

あなたに、できること

地球上からプラスチックをへらしたい？　それなら、あなたにも、大切な役割(やくわり)がある。日々の生活でかんたんにできることがたくさんあるんだ。たとえば、買うものや、食べるものについて、よく考えること。使いすてプラスチックに「ノー」ということ。地域(ちいき)や国のリーダーに手紙を書くこと。そのひとつひとつは小さなことかもれしれない。だけど、たくさんの人が行動すれば、大きな変化が生まれるんだ。ほかの人にも声をかけて、いっしょに変化を起こそう！

不用品の交換所

使わなくなったプラスチック製品(せいひん)をすてずに、露店(ろてん)を出して、ほかの人と交換するのもおすすめだ。プラスチックがゴミ埋立地(うめたてち)に運ばれることも、新しいプラスチックが買われることもなくなるからね。

古着を着よう

古着をつくろったり、いまの体形に合わせて直したりしよう。いらなくなった服は、古着屋にもっていってリサイクルすること。服を交換(こうかん)したり、古着を買ったりすれば、新しい服を買わずにすむ。

清そう活動

小川や池や公園などにすてられて、野生生物に害をあたえるプラスチックゴミ。これらを集めて清そうするグループに、参加しよう。学校や地域社会の仲間たちと、清そうイベントを立ち上げるのもいいね。

考えを伝える

プラスチックの問題と、自分ができることについて、もっと学ぼう。そして、その知識をできるだけ多くの人に伝えよう。プラスチックがどこからきて、どうなるのか、みんなに知ってもらうんだ。

リサイクル

プラスチックゴミをへらし、リサイクルをしっかりするよう、家族にもたのむんだ。プラスチック製品が、空で、きれいで、乾いていることを確認してから、リサイクル用ゴミ箱に入れること。プラスチックの包装材も、表示をよく見て、リサイクル方法を確認しよう。

ラッピング

プラスチックが使われている包装材を、買って使うのはやめよう。何かに使った紙や、新聞や雑誌のおもしろいページで、プレゼントを包むのがおすすめだよ。

食品包装をへらそう

ふたつきのプラスチック容器をお弁当箱にして、何度も使おう。新しい使いすて容器やペットボトルを買わず、飲みものは水とうに入れること。

プラスチックとの関わり

プラスチック問題を解決するために、プラスチックの使用をへらせるよう行動しよう。自分が使うプラスチックを意識する、できるだけ再使用する、使いすてプラスチックは使わないなど、できることはまだまだあるよ。

用語解説
ようごかいせつ

ABS
アクリロニトリル・ブタジエン・スチレン。かたいプラスチックをつくるのに使われる。

ASA
アクリロニトリル・スチレン・アクリレート。かたくてじょうぶなプラスチック。ABSの後継とされている。

HDPE
高密度ポリエチレン。強度があり、これを材料にして、さまざまなものがつくられる。たとえば、台所用品や、ビールケース、運ぱん用のコンテナなど。

LDPE
低密度ポリエチレン。このプラスチックで、食品トレーや、長持ちするポリ袋、しぼり出せる食品チューブなどがつくられる。

PP
ポリプロピレン。強じんなプラスチック。化学薬品への耐久性がある。

PVC
ポリ塩化ビニル。最も広く生産されているプラスチックのひとつ。パイプや、靴、衣料品などに使われる。

UPVC
無可塑ポリ塩化ビニル。このプラスチックは、建築材料として使われる。とくに、窓わくやパイプなど。

アクリル
透明なシートにしたり、好きな形に加工したり、布にもできる、プラスチック。

圧縮成形
熱と圧力を使てって、金型の内側で、プラスチックの物体を成形する手法。

押し出し成形
プラスチックを金属のノズルから押し出すことで、プラスチックの棒や管をつくる方法。

汚染
有害な物質が、ある環境で見つかったり、環境に加えられたりすること。

温室効果
大気中のある種のガスは、太陽からの熱が、大気中から宇宙空間に出ていくのをふせぐ。それによって、地球があたためられること。

温室効果ガス
温室効果の原因となる、大気中にある気体。とくに、二酸化炭素やメタン。

化石燃料
石炭や石油や天然ガスのような、エネルギーをもつ燃料。大昔の動物や植物の死がいからできている。

環流
海流が輪のようにめぐり流れるパターンのこと。

気候変動
いま進行している、世界の気候の変化。

下水システム
排水溝やパイプのシステム。運ばれる汚物や廃水は、下水処理場で浄化される。

原子
小さな粒子。あらゆるものを形づくる、基本となる単位。

原油
発見されたときの、自然のままの石油。精製・加工する前の状態。

合成物質
人間によってつくられた、物体や物質や材料。合成物質には、天然の物質に似せてつくられたものもある。

ゴースト・ギア（漁具の幽霊）
海にすてられた、網などの、漁具。

ゴミベルト
海流によってプラスチックゴミが集まった、海に浮かぶゴミのかたまり。「ゴミパッチ」ともいう。

採掘
原油を地中から取り出すプロセス。

資源
人間の役に立つもの。たとえば、原材料や、空気、水、エネルギーなど。

蒸留塔
製油所で使われる、高い塔。石油を成分ごとに分けられる。

食物連鎖
食物をえるために、おたがいを必要とする生きものの関係のこと。

真空成形
プラスチックのシートを金型に吸着させて成形する方法。

浸出液

ゴミ埋立地から出てくる液体。汚染化学物質をふくんでいることが多い。

水路

川や小川、運河など、水上の移動に使われるルート。

生態系

さまざまな形で、おたがいや環境に依存している、生物の集まり。

生分解

自然の素材がくさって、より単純な物質になるプロセス。

製油所

原油を加工して、ガソリンなど、役に立つ製品に変える場所。

ナイロン

人工のプラスチックの一種。多くは繊維として、布やつり糸、網などに使われる。

ナフサ

原油を精製してえられる液体。多くのプラスチックの材料。

熱可塑性プラスチック

熱するとやわらかくなり、冷えると固まる、プラスチック。

バクテリア

ひとつの細胞でできている小さな生きもの。ほとんどのバクテリアは、顕微鏡を使わないと見えない。

ブロー成形

ペットボトルなど、中が空洞のプラスチック製品をつくる手法。工場で用いられる。

分解者

バクテリアや菌類など、動植物の死がいの分解を助ける生物。

分子

いくつかの原子がくっついたもの。あらゆるものは、分子でできている。

ベークライト

人間がはじめてつくったプラスチックのひとつ。

PET（ペット）

ポリエチレンテレフタレート。この透明で強くて軽いプラスチックでつくられたボトルが、ペットボトルだ。リサイクルできる。

ポリエステル

さまざまなポリマーが属す、グループのひとつ。生地の素材として使用されることが多い。

ポリスチレン

プラスチックの一種。空気をふきこんでふくらませて、軽い梱包材をつくることが多い。これを、発泡ポリスチレン、発泡スチロールなどとよぶ。

ポリマー

同じ分子がつながって長い鎖のようになったもの。プラスチックはポリマーなんだよ。

マイクロビーズ

プラスチックでつくられた丸い小さなビーズ。洗顔料やボディソープなど、一部のスキンケア用品に添加されている。

マイクロファイバー

とても細いプラスチック繊維、またはそのより糸。

マイクロプラスチック

大きさが5ミリメートル以下の、プラスチックの小さなかけら。

モノマー

同じ種類の小さな分子が多数つながって巨大な分子となるとき、もとの小さな分子をモノマー、巨大な分子をポリマーという。

油田

大量の石油が地下にうまっている場所。

リサイクル

使い終えたものやゴミを、もう一度、使えるものに変えること。

レジンペレット

プラスチック製品の原料として使われる、とても小さな粒状のプラスチック。

さくいん

英数字

3Dプリント　31
ABS　26
ASA　27
HDPE　51, 60, 61
LDPE　20, 26, 27, 60
PVC　26, 30, 60
UPVC　27

あ

アクリル　26, 60
圧縮成形　31
アルミニウム　11, 62
生きもの　2, 6, 12, 13, 14, 15, 41, 44, 45, 46
エネルギー　16, 17, 46, 60, 62
押し出し成形　30
汚染　2, 10, 11, 12, 13, 15, 39, 41, 43, 50, 51, 53, 55
温室効果ガス　14, 15, 17

か

化学物質　2, 8, 12, 13, 15, 46, 47, 53, 67
化石燃料　19, 22, 23, 62
環流　42
気候変動　14, 16, 17
キャンペーン活動　54, 66

禁止　54, 55, 67
原子　20
原油　19, 22
合成プラスチック　19, 21
ゴースト・ギア　38
ゴミ埋立地　14, 15, 60, 61, 68
ゴミベルト　42, 43, 53
ゴム　19, 20, 21, 26

さ

採掘　16, 19, 22, 62
再使用　55, 57, 58, 60, 61, 69
資源　7, 10, 16, 17, 60
蒸留塔　22
食物連鎖　40, 41, 46, 47
真空成形　30
浸出液　15
水路　11, 34, 35, 51, 52
生産　2, 7, 9, 10, 16, 22, 23, 35, 50, 57, 60
清そう　50, 51, 52, 53, 66, 67, 68
生態系　6
生分解　8, 62, 63

石油　16, 17, 22, 62

た

大気　2, 14, 17
地球　2, 16, 17, 22, 42, 44, 49, 51, 63, 64, 68
チャレンジャー海淵　38
使いすてプラスチック　10, 11, 63, 68, 69
天然プラスチック　20, 21

な

ナイロン　26, 60
ナフサ　22, 23
熱可塑性プラスチック　30

は

バクテリア　8, 44, 53
発泡ポリスチレン　9, 27, 29
プラスチックゴミ　6, 13, 14, 15, 33, 34, 35, 38, 39, 41, 42, 44, 45, 49, 50, 51, 52, 53, 58, 60, 68, 69
ブロー成形　30
分解者　8, 9
分子　20, 23, 61

ベークライト　21
PET　11, 20, 50, 53, 60, 61
包装　11, 51, 55, 60, 63, 66, 69
ポリウレタンフォーム　27
ポリエステル　26
ポリカーボネート　27
ポリスチレン　11, 29, 36
ポリプロピレン（PP）　26, 51, 60
ポリマー　20, 23

ま

マイクロビーズ　37, 62
マイクロファイバー　37
マイクロプラスチック　9, 11, 13, 36, 37, 38, 41, 43, 46, 47, 50, 53, 59
メタン　14, 15
モノマー　20, 23

や

油田　16, 17, 19

ら

リサイクル　2, 9, 11, 14, 30, 50, 51, 52, 57, 59, 60, 61, 62, 67, 68, 69
レジンペレット　23, 36, 61

Why does plastic hurt the planet ?

Copyright © Weldon Owen
Written by: Clive Gifford
Illustrated by: Hannah Li
Consultant: Dr. Tridibesh Dey, Aarhus University

Editor: George Maudsley
Designer: Claire Cater

This edition published by arrangement with Weldon Owen, an imprint of INSIGHT EDITIONS, California, through Tuttle-Mori Agency, Inc., Tokyo

マインドマップでよくわかる
プラスチック問題

2024年10月31日　初版1刷発行

著：クライブ・ギフォード
イラスト：ハナ・リー
翻訳：藤崎百合
翻訳協力：トランネット
DTP: 高橋宣壽

発行者　鈴木一行
発行所　株式会社ゆまに書房

東京都千代田区内神田 2-7-6
郵便番号　101-0047
電話　03-5296-0491（代表）

ISBN978-4-8433-6740-7 C0344